マインドマップ・シリーズ

マインドマップでよくわかる
水問題

［著］イザベル・トーマス
［イラスト］エル・プリモ・ラモン

ゆまに書房

ミシガン大学で水と気候を研究している、サラ・ヒューズ博士からのメッセージ

サラは水の科学者だ。気候変動のさなかでの、とくに町や都市での水の管理について、研究している。ほかの科学者や世界のリーダーたちと協力して、将来の水の供給を守るためのアイデアを生み出そうとしているんだよ。

水は、この地球でいちばん貴重な資源なんだ。水は、わたしたちの健康を守り、動植物の成長を助け、毎日の生活のほとんどあらゆる場面で使われている。わたしたちが目にするあらゆる場所に水があって、この水なしでは生命は生きのびられない。だけど、地球の水の量にはかぎりがある。

人間による、この数千年間の淡水の使用によって、地球上で水のある場所や、さまざまな動植物が利用できる水の量が変わってしまった。いま、わたしたちが水を使いすぎているせいで、水の供給があやうくなっている。わたしたちは、補充できないほど、水を使っているんだ。

水を守るのは大きな課題だ。人間が必要とする水の量はますますふえ、同時に気候変動も起きている。わたしたちは自分のために、食料をつくるために、そして環境のために、大量の水を使っている。だけど、必要以上に使うことは、もうやめなくてはいけない。水に、有害な化学物質が入らないようにしないといけない。そして、水をたくわえ、運び、きれいにする方法を工夫して、これから先、だれでも安全な水を安くかんたんに手に入れられるようにしないといけない。わたしたちはいま、水を守るために行動を起こす必要がある。

この本を読んで、わたしたちのくらしの中心にさまざまなかたちで水があることを学んだら、水の大切さと、水を守ることの大切さについて、ほかのみんなにも伝えてほしい。わたしたちのひとりひとりが変化を起こせる。そしてみんなで力を合わせれば、地球でのこれからの水の供給を守るための、手助けができるんだ。

もくじ

マインドマップって、なに？ 4

地球には水がどのくらいあるの？　6

地球の水 8
水循環 10
純水 12

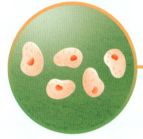

どうして淡水が必要なの？　14

地球の生命 16
水の使用 18
乾いた場所で生きのびる 20
水と人体 22

どうしてこんなにも水を使うの？　24

食料のための水 26
家庭での水 28
見えないところで使われる水 30

淡水を手に入れるには？　32

水を見つける 34
地面をほって水を出す 36
水道から出る水 38
廃水の処理 40

水は十分にあるの？　42

水は十分にあるけれど 44
水質 46
水の使いすぎ 48
気候変動の影響 50
水戦争 52

わたしたちは水の供給を守れるの？　54

新たなテクノロジー 56
地域で節水する 58
世界中で節水する 60

水を守るためにできることって？　62

水を賢く使おう 64
しっかり節約しよう 66
考えを伝えよう 68

用語解説 70
さくいん 72

マインドマップって、なに?

この本は「マインドマップ・シリーズ」の1冊だ。マインドマップって、知ってるかな? 絵を使って、いろんなアイデアを線でつなげて、つくるんだ。複雑なテーマが理解しやすくなる、すごく便利な方法なんだ。このページのマインドマップは、「わたしたちは、水を使いはたそうとしてる?」という問いを中心にして、できている。この中心の問いが、各章のタイトルの7つの問いへと、さらに分かれているんだ。

線をたどろう

気になる質問を見つけたら、色のついた線をたどって、ひとつひとつのトピックを見てみよう。たとえば、「水の使用」の先には、使用目的が3つ書かれている。そう、「農業」と「家の中で」と「工業」だ。線をたどると、トピックがさらに細かく分かれているね。

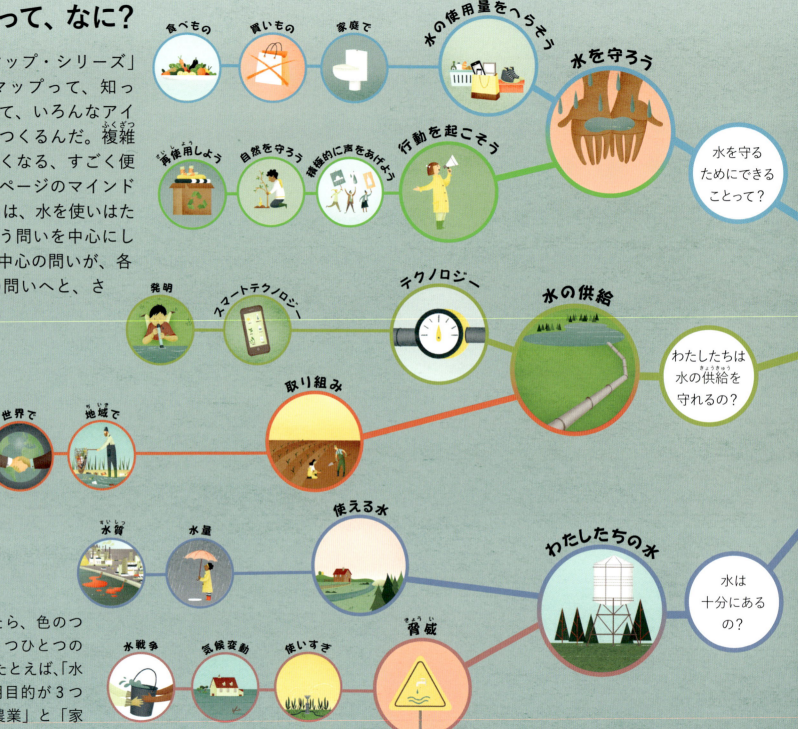

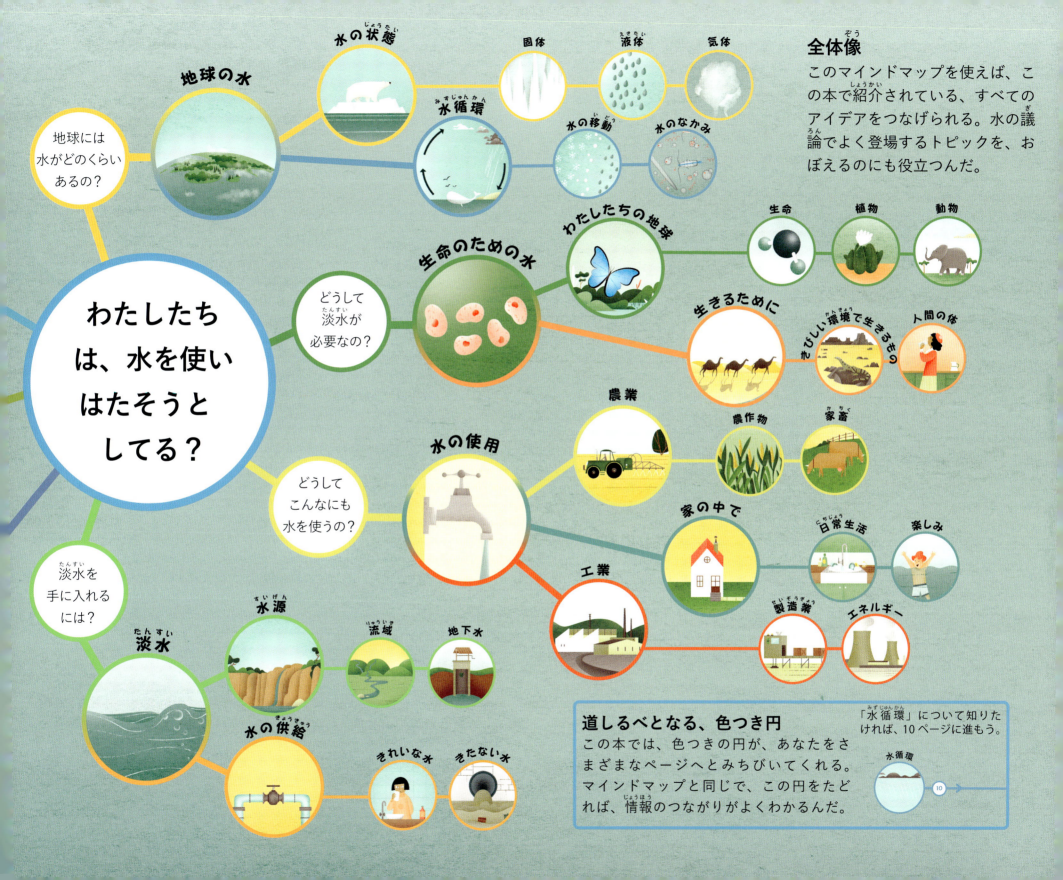

地球には水がどのくらいあるの？

水は、地球の4分の3近くをおおっている。そんなにたくさんの水が表面にあるから、宇宙（うちゅう）から見ると、地球は青いんだ。水は海を満たし、氷冠（ひょうかん）をつくり、雲になって空にうかんでいる。水はどこにでもある。だけど、生きものにとって必要な淡水（たんすい）は、ほんのちょっとしかない。

水の状態

固体や液体や気体になれる物質は多い。だけど、地球の表面で3つの状態のすべてが見られるのは水だけだ。このめずらしい性質のおかげで、生命が存在できている。

- 固体 — 8
- 液体 — 8
- 気体 — 8

地球の水

海をながめるときや、大雨のときには、地球に水がいくらでもあるような気がする。だけど、生きものにとって、いつでも使える状態の水があるわけじゃない。

水循環

地球の水は、水循環という変化のなかで、いつも移動している。水循環によって、地球の淡水は、たえずリサイクルされているんだ。

- 水の移動 — 10
- 水のなかみ — 12

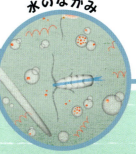

8 水の状態

地球の水

水はどこにでもある。水は雨となって空からふり、川となって流れる。氷山となってうかび、滝となって流れ落ち、湯気の中をただよい、雪となってまい落ちる。波となってくだけ、水たまりとなって飛び散り、雹となって音を立てる。潮とともに満ちては引き、つゆとなって草の葉のうえでかがやく。わたしたちの足下の土の中にも、山をつくる岩の中にも、水はある。そうやって動きまわるうちに、水は固体から液体、気体へと姿を変える。温度が変わると逆向きに変化することもある。

固体

固体の氷は、地球の水のほんの2％足らずだ。極地にある巨大な氷冠や氷床、さらに氷河や、海にうかぶ氷山が、氷でできている。ものすごく高い山のてっぺんにある万年雪も、氷でできているんだよ。

水の中には

もしも水滴を拡大して見ることができたなら、小さな分子が、押しあいへしあいしているのがわかるだろう。それぞれの水分子は、2個の水素原子（H）と1個の酸素原子（O）でできている。1滴の水（H_2O）の中には、1500000000000000000000（15垓）個の水分子が入っているんだ！

H_2O

液体

地球の水のほとんどは、流れる液体の状態だ。海を満たし、川となって地面の上や下を流れ、湖や沼や土の中では、動かずそこにとどまっている。

水の状態

水は、においも味もなく、たいていは色もない。だけど、水には特別な性質がある。それは、地球上の自然な温度で、固体・液体・気体という3つの異なる状態で存在する、唯一の物質だということだ。

気体

水が気体のときには、水蒸気として存在する。水蒸気のほとんどは目には見えないけれど、霞や霧となって見えることもある。

水の状態 9

大気中の水
大気中にある水は、地球の水のごく一部なんだ。そのほとんどは、海面から10キロメートル以下の高さにある。だけど、40キロメートルをこえるところ、つまり宇宙まであと半分という高さにも、ほんの少しだけど水があるんだよ！

移動と変化
地球の表面の温度が変わって、水があたたまったり冷えたりすると、水の状態が変わることがある。氷から水に、さらには水蒸気になったり、逆の変化が起きたりする。こうした変化が意味するのは、水がいつも移動しているということだ。

水循環 →10

すべての生きものの体内には水がある。

地下水
水があるのは、地球の表面や大気中だけではない。科学者たちが最近見つけた手がかりによると、地下1000キロメートルの場所にも水があるんだって。

水との関わり
地球は青い惑星だ。水は、地球の表面や大気中や地下深くなど、ほとんどあらゆる場所で見つかっている。水は、さまざまな状態に姿を変えながら、たえず移動しているんだ。

水循環

毎日、地球の表面を太陽があたためている。そして毎晩、また気温が下がる。このように、あたためられては冷やされてというくりかえしがあるから、風がふいて、「水循環」という重要なプロセスが進むんだ。海から大気中へと移動し、そしてふたたび陸や海にもどってくるという循環のなかで、水の状態はたえず変化している。

冷える
あたたかい空気は、上昇すると、急速に冷やされる。これにより、空気中の水蒸気が凝結する。つまり、液体の水にもどるんだ。この小さな水滴が、花粉やチリのまわりにくっつく。

移動する
水滴がたくさん集まると、雲ができる。雲をつくる水は、風にふかれて動く。

水の旅
水の分子は、水循環によって移動する。川を数週間で流れきった水分子が、海に4000年間もい続けることだってある。だけど大気中では、せいぜいで11日間すごしただけで、地上へとおりてくる。

あたたまる
太陽にあたためられると、水は蒸発して水蒸気となる。そして、大気中をのぼっていくんだ。

リサイクルされる水
同じ水が、何度も何度も、水循環をくりかえしている。あなたが飲む水は、恐竜や、エジプトの王妃や、サーベルタイガーが飲んだ水かもしれないね。もしかすると、そのみんなが飲んだ水なのかも！

ティラノサウルス

サーベルタイガー

エジプトの王妃 ネフェルティティ

モンゴルの戦士 チンギス・ハン

水循環 11

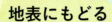
水の移動 35

地表にもどる
水滴が、1〜2ミリメートルほどの大きさになったり、水滴がこおるくらい寒くなったりすると、重力が優勢になる。重力とは、わたしたちを地面にとどめて飛んでいかないようにしている力だよ！水滴や氷の結晶は、雨や雹や雪となって地表に落ち、それが集まって湖や川になるんだ。

水循環は、恐竜の時代から現在まで、変わっていない。

流れる
小川や川へと流れこんだ水滴は、下へ下へと流れて、やがて海へとたどりつく。岩にしみこんだり、陸や海上でこおって氷になったりもする。

水との関わり

水循環とは、あらゆる水が地球を移動するときにたどる、旅路のことだ。その過程で、水は、蒸発し、凝結し、ふたたび海にもどるというように、たえず循環しているんだ。

科学者
アルベルト・アインシュタイン

芸術家
フリーダ・カーロ

世界的指導者
ネルソン・マンデラ

気候活動家
グレタ・トゥーンベリ

水循環

純水

びっくりするかもしれないけれど、地球上で純水を見つけるのは、ほぼ不可能だ。小川や湖や海の水の1滴は、すきとおって見えるかもしれない。だけど拡大すると、小さなバクテリアだとかチリの細かい点々だとか、いろんなものがまざっているのがわかるはずだ。ほとんどの水には、出くわしたいろいろなもの、たとえば塩などが入っている。海水は塩からすぎて、飲み水にはならない。だけど淡水なら、完全な純水でなくても、飲んだり使ったりできる。

1滴の水の中に
顕微鏡で見ると、1滴の海水の中に、小さな植物や藻類やバクテリアが何千何万と生息しているのがわかる。生命に満ちたミニチュアの世界なんだ！

なぜ海の水は塩からいの？
陸地を流れ、土壌や岩にしみこみながら、海にたどりついた水には、たくさんの物質がとけこんでいる。とくに、塩は水にとけやすいんだ。だけど、海の水が蒸発するとき、とけていた塩は海に残される。そういうふうにして、海水は長い時間をかけて塩からくなったんだよ。

海水
地球の水のほとんどは、塩水として海にある。地球の表面にたくさんの海水があるから、宇宙から見ると、地球は青いんだよ。

水循環　13

とけるって、どういうこと？
とけるというのは、いってしまえば「まざること」なんだ。飲みものに砂糖を入れたときみたいに、物質がばらばらになって、ものすごく小さな粒子になるから、消えたみたいに見える。水には、いろいろな物質がよくとけるんだよ。

水循環によって地球に供給される淡水は、つねにろ過されている。この水が雨や雪となり、地上へとふりそそぐ。

淡水
湖や川、雪、氷などは、どれも淡水だ。塩分もふくまれているけれど、海水よりもはるかに少ない。淡水は、地球の水のたった2.5％しかないのに、そのほとんどが、氷冠や氷河にとじこめられているか、地下深くにある。

家庭での水　28

飲み水
人間をはじめ、陸のすべての動植物は、淡水を体に取りこむ必要がある。地球全体で見れば水は豊富にあるけれど、きれいな淡水は、じつは貴重な資源なんだよ。

水との関わり

水には、ものをとかすという驚くべき能力がある。これは、淡水が汚染されやすいということでもある。だから、ほとんどの水源から手に入れた淡水は、ろ過しないと飲めないんだ。

どうして淡水が必要なの？

植物も動物も何兆もの細胞からできていて、そのすべてが協力して働いている。これらの細胞は、どれも、ほとんど水でできている。この水が外向きに押しているから、生物は形をたもてるんだ。また、水のおかげで、細胞は養分や酸素を分けあい、老廃物を取りのぞき、体温を調節できるんだよ。

生命のための水

地球上、水があるところには必ず生命がある。人間をはじめ、すべての生物は、成長し、生きのびるために、水を手に入れられる場所が必要だ。

わたしたちの地球

地球上の動植物の体は、ほとんど水でできていて、何千もの方法でその水を利用しているんだよ。

生命

16

植物

18

動物

19

生きるために

陸の動植物は、淡水にたよっている。ものすごく乾燥した環境では、生きものが特別な方法で淡水を手に入れているんだ。

きびしい環境で生きるもの

20

人間の体

22

地球の生命

100万キロメートルはなれた場所からでも、地球と、太陽系のほかの岩石惑星とのちがいはすぐわかる。青い海、流れる川、うずまく雲、そして広大な白い氷冠があるのは地球だけだ。宇宙から見てわかるほど水があるのも、地球だけだ。地球は、生命にあふれるただひとつの惑星なんだ。その理由は、水にある。地球に生命が存在できるのは、水のおかげなんだよ。

多くの植物は90％が水

人間は60〜70％が水

鳥は60％が水

生きものたち

人間の体には、かたい骨や強い筋肉もあるけれど、少なくとも3分の2が水でできている。水は、あらゆる生きものを形づくる重要な成分だ。だから、植物や動物は、生きるために水分を補給しないといけない。そんなわけで、生きていれば、のどがかわくんだ！

魚は70％以上が水

クラゲは95％が水なんだ！

水分補給

22

わたしたちの地球 17

地球
地球の海に生命が誕生したのはおよそ40億年前のこと。いまでは陸地にも、何百万種という動植物が生息するようになったけれど、水がないと生きていけないことには変わりない。

水星
水星には液体の水はない。だけど、水星のまわりを回る探査機が、水星のいちばん深いクレーターの底に、わずかな氷を検知したことがある。

水がなければ、水星に生命が存在する可能性はない。

水との関わり
地球は、太陽系で唯一、水が生命をささえている惑星だ。水は、すべての生きものの体内にあって、生きものは水を使っている。水がなければ、地球に生命は存在しなかっただろう。

水の使用

→ 18

金星
かつて金星には浅い海があったらしい。この水が蒸発してきてた水蒸気と、大気中に集まった二酸化炭素とが、温室のように金星をあたためたんだ。

金星は暑すぎて、液体の水も生命も存在できない。

火星
地球と同じく、火星も、極地に氷冠がある。火星には谷間や峡谷があることから、かつて火星の表面に液体の水が流れていたことがわかる。この水は、はるか昔に、宇宙空間に出ていくか、岩石の中にとじこめられるかしたようだ。

かつて火星には生命が存在したかもしれない。

水の使用

生いしげるつる草から、森にひそむヒョウまで、すべての生きものには、生きのびるための水が必要だ。水には酸素や養分などの物質がすごくよくとけるので、それらの物質が、細胞の中や外、生物の体のすみずみにまでとどけられる。細胞の中では化学反応によってエネルギーがつくられていて、動植物はそのエネルギーを使って活動している。その化学反応でも、水が重要な役割をはたしているんだ。植物や動物が水を取りこんで使う方法には、いろいろな種類があるんだよ。

植物の細胞の中

植物の細胞は細胞質で満たされている。この細胞質は、大部分が水なんだ。水は細胞を内側から押していて、細胞の形をたもつのに役立っている。うすい細胞膜がこの液体をためていて、がんじょうな細胞壁が、細胞が水風船みたいに破裂するのをふせいでいるんだ。

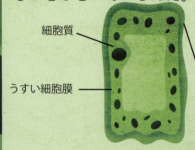

細胞質／がんじょうな細胞壁／うすい細胞膜

養分をつくる

緑の植物は、太陽のエネルギーを使って、水の分子を分解する。植物は、分解した水分子の一部を使って養分をつくり、残りは酸素を大気中に出すのに使っている。

純水

水がなければ植物はしおれる。

上向きに流れる

とても細い管の中では、水が重力に逆らって上向きに流れるんだ。これを、毛細管現象という。この仕組みによって、植物の根から葉へと水が移動するんだよ。

根は土から水をすい上げる。

水は、土の粒子の間の、細かいすきまをうめている。

熱をたくわえる

水は、ほかの多くの物質とくらべて、あたたまりづらいし、冷めづらい。この性質のおかげで、生物は一定の体温をたもてるんだ。

わたしたちの地球

動物の細胞の中
植物の細胞は細胞質で満たされている。がんじょうな細胞壁はなくて、あるのはうすい細胞膜だけだ。動物の体は、それぞれの細胞の中と外の水分量を、慎重にコントロールしているんだよ。

細胞質
うすい細胞膜

植物の中の管
葉でつくられた栄養は、植物の体のすみずみまでとどけられなくてはならない。背の高い木だと、100メートルも運ばれることもあるんだ！植物は栄養を水にとかして樹液をつくる。この樹液が、植物のあちこちを流れている。

出たり入ったり
動物は飲んだり食べたりして水分を体内に入れる。血液などの体液はおもに水で、その中にさまざまなものがまざっている。体液は、体中の細胞に栄養をとどけて、老廃物を運び出すんだよ。

淡水魚のアロワナ

圧力を受けて
大気や水は、つねに生物を押している。この圧力が最も大きいのが深海だ。深海の生きものが形をたもてているのは、それぞれの細胞の中の水が、この圧力とつり合っているからなんだ。

水との関わり
水は、生物の細胞の中や外に、重要な物質をとどける。また、細胞の中では、水のおかげでエネルギーがつくられ、そのエネルギーで細胞はさまざまな役割をはたす。水は、ほかのどんな物質にもできないことをしている。

乾いた場所で生きのびる

砂漠は、動植物の生息地として、世界で最も乾燥した場所だ。砂漠に1年間にふる雨の量は、熱帯雨林の大体10分の1程度。これほど水が少ないと、ほとんどの植物、とくに樹木のように大きくて大量の水を必要とする植物は育たない。植物がないので、砂漠はなにもないように見える。だけど、ナミブ砂漠のような世界で最も乾燥した場所にも、動物や植物が生息する。これらの動植物は、その特殊な能力や行動によって、びっくりするような方法で水を集めているんだ。

すずしい砂漠の生きもの

アフリカの大西洋岸に沿って広がるナミブ砂漠。砂漠にしてはすずしいけれど、世界で最も乾燥した場所のひとつだ。雨が一滴もふらない年だってあるくらいだ。この岩と砂だけの土地に、人間はほとんどいないけれど、必要な水を手に入れる方法を見つけた動植物ならいる。

オリックスの群れ

食物の水分
獲物から水分をとる砂漠の生きものもいる。ナマクアカメレオンは、砂漠の砂と見分けがつかない色に、体の色を変える。そして、いも虫や、甲虫、バッタに、気づかれずにしのび寄るんだ。

霧をとらえる
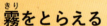
海岸沿いの砂漠には、よく霧が流れてくる。ゴミムシダマシという甲虫は、お尻を高くつきあげた姿勢で、それを待ちかまえる。でこぼこした羽のうえで、霧が結露して液体の露となり、虫の口まで流れ落ちてくるんだよ。

水循環

水の節約
砂漠ほ乳類はできるだけ水をむだにしない。キンモグラは、砂漠以外の場所にいるモグラよりも、ふんがかわいていて、尿がこいんだ。

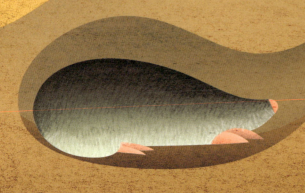

生きるために

きびしい環境で生きるもの
多くの砂漠は、暑くて風が強い。地表の水分はすべて蒸発し、雨がふって補充されるよりも早く、どこかに行ってしまう。

地球の生命

水をえる
オリックスは、ウシ科のレイヨウの一種だ。水なしで何日も生きていられる。エサの植物から水を摂取し、地面をほって水をえることもある。

水との関わり
砂漠の動植物は、精妙なバランスの中で生きている。そして、水は生存のためにかかせない。生息環境の小さな変化が、大きな影響を生むかもしれない。人間が砂漠の植物に害をあたえたら、昆虫や動物が、水をえられなくなるかもしれない。

水をためる
多肉植物のリトープスは、分厚い2枚の葉にたくさんの水をたくわえている。石のような外見のおかげで、のどのかわいた動物から身を守れるんだ。

自分で水やり
ウェルウィッチア（別名、奇想天外）は、2枚だけの葉を長くのばし、その葉が風で縦にさける。この葉の上で、海からの霧が結露して、土にしたたり落ちる。その水を、広くはった根がすい上げるんだ。

ウェルウィッチアは、2000年以上生きることもあるんだって！

気温に合わせた生活
センギともよばれるハネジネズミは、砂の中にもぐりこんで、昼はすずしく、夜はあたたかくすごしている。昆虫や、そこらをはいまわる虫を食べて、水をえる。

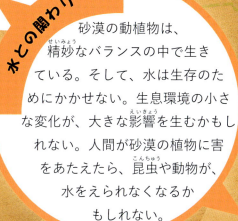

22 生きるために

水と人体

ほかの生物と同じように、人間も、大部分が水でできている。水はあなたの細胞の中にもあって、すべての臓器や組織を取りかこんでいるんだ。また、水は血液のおもな成分でもある。この血液によって、人体が必要とする大切なミネラルや栄養が、体のすみずみまでとどけられる。体の水分量をたもち、健康でいるためには、毎日約2リットルの水を摂取する必要がある。水を飲まなければ、人間は3日くらいしか生きられないんだよ。

涙
涙には重要な役割がある。人の気持ちを表すだけでなく、よごれや化学物質を洗い流して、目をきれいにしてくれるんだ。

水分補給
人体は、尿や汗をつくるときに水分を失う。また、息をはくたびに水蒸気を失う。のどがかわいたと感じたら、もうすでに脱水状態になっているんだよ。なにか飲んで、水分を補給するようにね。

水の入手　38

通り道をなめらかに

口の中の唾液、つまり「つば」や、体の中の通り道をおおっている粘液は、そのほとんどが水なんだ。この水分のおかげで、食べものが消化器系を通りぬけやすくなる。ほかの体液も、関節を動きやすくしたり、脳や目が受ける衝撃をやわらげたりしているよ。

体を冷やす

水は、体温調節に重要な役割をはたしている。血液や組織にふくまれる水分が、筋肉から熱を運び出すんだ。皮膚から出た汗が蒸発するときに、血液が冷やされる。

運動をしているときは、1時間ごとに、肺から小さなコップ1杯分くらいの水が出ていく。

運搬システム

水分があるから、血液は流れる。血液が、すばやく全身をめぐり、栄養や酸素をとどけ、老廃物を回収できるのは、水のおかげなんだ。

水でいっぱいの人体

人の体には、水分の割合が大きい部位もあれば小さい部位もある。かたい歯でさえ、8〜10％は水分なんだ！

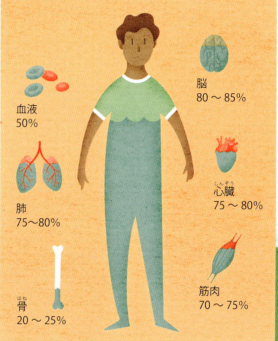

血液 50%
脳 80〜85%
肺 75〜80%
心臓 75〜80%
骨 20〜25%
筋肉 70〜75%

飲み水　45

水との関わり

どんな人でも、毎日、水を摂取して、体が使ったり失ったりした水分を補充しなくちゃいけない。その方法は、飲んだり食べたりすること。摂取する水の3分の1は、じつは食べものの中の水分なんだよ。

どうして こんなにも 水を使うの？

わたしたちは毎日、飲み水、洗たく、料理、そうじに水を使っているよね。だけど、それ以外のことにも水が必要なんだ。わたしたちが買ったり使ったりするすべてのものは、なんらかの形で水を使ってつくられている。たとえば、電気、衣類、食料、インターネット、紙、乗りものなどだ。

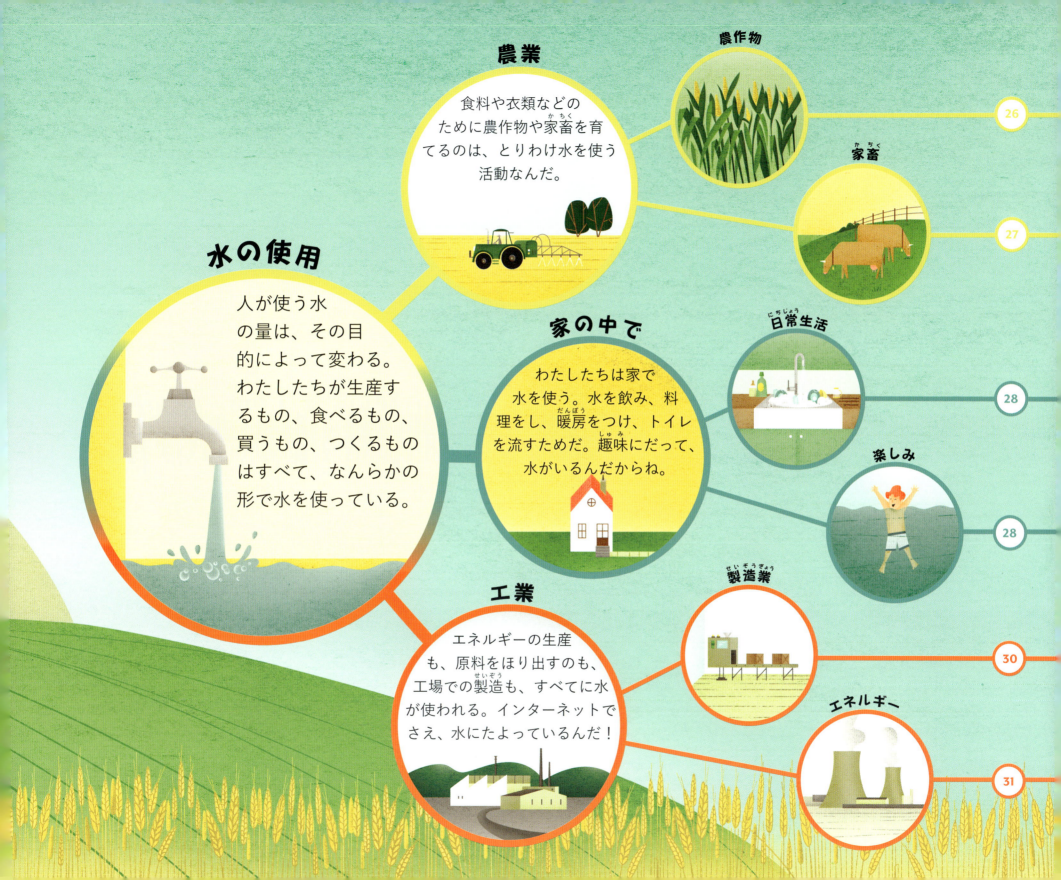

農業

食料のための水

わたしたちは、ほかのなによりも、農業にたくさんの水を使う。実際、淡水の4分の3近くが、農作物への水やり（かんがい）と家畜の世話のために使われている。世界の人口がふえれば、必要となる食料もふえるだろう。2050年までに、農場の生産量を2倍にしないといけなくなりそうなんだ。だけど同時に、地域によっては、水不足のせいで人々が十分な食料を手に入れられなくなるかもしれない。水をそれほど使わずに農作物と家畜を育てられる方法を、大急ぎで見つける必要がある。

農作物のためのセントラル・ヒーティング

農業に使われる水は、農作物への散布用だけじゃない。温室をあたためたり、農作物のための大きな倉庫を冷やしたりするためにも、水が使われるんだ。

農作物は、雨の量がいちばん多い時期に植えられる。

農作物を育てる

農家が作物を育てるには、水がいる。雨だけで十分な水が手に入る地域もある。乾燥した地域だと、かんがい用に、川から水を引かないといけないこともある。追加の水が手に入れば、農作物がちゃんと育つようになるんだ。

農薬の散布

多くの農作物には、農薬が散布されている。農薬とは化学物質で、水にとかされているんだ。この化学物質が川に流れこむので、農薬は水質汚染の大きな原因となっている。

かんがい

51

農業 27

家畜を育てる
肉や乳製品、たまごなどの畜産物の生産には、野菜類の生産とくらべると、約1.5倍の水が使われるんだ。動物には一年中、飲み水がいる。しかも、家畜を飼っている建物を洗ったりそうじしたりしなくちゃいけないし、家畜のエサにする植物にも水やりが必要だからね。

食品加工
収穫したら、水の使用も終わりというわけじゃない。農家や食品メーカーは、販売する作物を洗ったり、工場で食肉を加工したり、食品の包装材をつくるのにも水を使うんだよ。

動物の肉
牛肉のハンバーガーを8個つくるのに必要な水は、なんと1万5000リットル。同じ量の穀物や根菜を育てるのに使われる水の、20倍もの量なんだよ。

肉を食べる量をへらそう
66

搾乳場
搾乳場では、冷却と洗浄のために、きれいな水が使われる。牛乳をたった1リットル生産するのに、約8リットルもの水が必要なんだ。

水との関わり
世界で最も水が使われる農業に、水不足の危機がせまっている。重要なのは、大量の水を使わずに農業ができるようにすることと、水源が汚染されないようにすることだ。

家庭での水

1人あたりの水の使用量は、平均で、1日に何百リットルにものぼる。もっと少ない人もいるし、すごくたくさん使う人もいる。みんなが水を飲むし、洗たくや料理、そうじ、暖房、冷房、トイレを流すのに水を使う。植物に水をやるし、プールに水をはって楽しい時間をすごすこともある。水は、わたしたちが家庭で行うほぼすべてのことに、大きく関わっているんだ。

飲み水
多くの国では、浄水された水が蛇口までとどくので、そのまま飲んでもだいじょうぶなんだ。

キッチンで
水は料理でよく使われるよね。だけど、水のむだづかいがいちばん多いのは、食器洗いのときなんだ。蛇口によっては、1分間に20リットルも出るんだよ！

そうじ
食器洗いから、モップがけや洗剤スプレーにいたるまで、片づけやそうじでたくさんの水が使われる。

23 体を冷やす

スポーツや遊び
楽しみのためにも、水がたくさん使われる。だけど、乾燥して雨があまりふらない時期は、どうしても必要なこと以外で水を使わないようにしよう。しっかり節水できるよ。

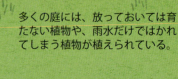

多くの庭には、放っておいては育たない植物や、雨水だけではかれてしまう植物が植えられている。

ウォーターフットプリントってなに？

ある人がふだんの生活で使う水の量を、その人のウォーターフットプリントという。ペットにもウォーターフットプリントはあって、ペットフードの生産に使われる水がほとんどだ。

冷暖房

セントラル・ヒーティングと空調設備には、大量の水が使われる。建物で使用される水の、4分の1にのぼることもあるんだ。

ふろ場やトイレで

家庭の水の3分の1以上が、入浴とシャワーに使われる。そして別の3分の1が、トイレの水を流すのに使われる。

洗たく

服を洗たくするたびに、その服のウォーターフットプリントがふえる。わたしたちが使う水の5分の1近くが、洗たく機の中でバシャバシャはねては排水されている。

水をとどける

水との関わり

水はわたしたちの日常生活に欠かせず、健康のためにも必要だ。だけど、もし自分のウォーターフットプリントをへらしたいのなら、家庭で水を節約することからはじめるといいだろう。

見えないところで使われる水

衣類やおもちゃから、電気やインターネットにいたるまで、わたしたちが家庭で毎日使うものをつくるには、すごい量の水がいる。ペットボトルを1本つくるだけでも、4リットル以上の水が使われるんだ。ペットボトルに入る量より、はるかに多いよね。農場や工場をはじめ、産業界で水が使われているけれど、自分のくらす場所から遠くはなれた土地のことが多いし、外国のことさえある。ヨーロッパのような降水量の多い地域では、農業で使われるのとほぼ同量の水が、工業用に使われているんだ。品物の製造や輸送に使われる水も、わたしたちのウォーターフットプリントの一部となる。

車
たった1台の車を製造するために、20万リットル近くの水が使われる。しかも、世界中で1年に7800万台以上もつくられているんだ。

世界の淡水の約5分の1を使って、わたしたちが日常生活で使うものがつくられている。

家庭での水

岩をほり出す
地中から原料をほり出すとき、さまざまな形で水が使われる。地中からほり出した岩の泥よごれを洗い流したり、家を建てるための建築資材をつくるのに使われたりもする。

インターネットを使う
ビデオ通話やストリーミングやオンラインゲームは、コンピューターでぎゅうづめの巨大な建物にたよっている。こういった場所をすずしくたもつために、毎日、何億リットルもの水が使われている。

30 工業

工業 31

車のタイヤ1個つくるのに、約2000リットルの水が使われている。

バイオ燃料は、サトウキビなど、育てるのに多くの水がいる農作物からつくられる。

発電
エネルギー生産にも、淡水は欠かせない。発電所では、淡水を使って、蒸気の冷却や、燃料の抽出や処理が行われる。環境にやさしい発電の場合にも、水素燃料の製造や、バイオ燃料用の作物の水やりなどに淡水が使われる。

エネルギーの使用量をへらそう 67

紙
1枚の紙をつくるのに、8リットル以上の水が使われることもある。まず、紙の原料となる成長の早い木が、土壌から水をすい上げる。そして製紙工場では、パルプの生産と漂白のために水が使われる。

衣類
繊維産業では、布地から衣類などがつくられる。この繊維産業は、世界で最も水を使う産業のひとつだ。たとえば綿は、育てるのに大量の水が必要となる作物だし、綿のTシャツやジーンズをつくる過程で、大量の水が使われるんだ。

水との関わり
工業でも大量の水が使われているけれど、たいていの場合、農場や家庭で使われる水ほど、きれいな淡水でなくてもいい。つまり工業は、水を節約できる重要な分野なんだ。

淡水を手に入れるには？

世界中の80億人、そのすべての人が、きれいな淡水を必要としているんだ！　水は、小川や貯水池や井戸など、さまざまな場所から、わたしたちのところへやってくる。多くの人にとって、水とは、よごれを取りのぞいて処理された状態で、家の蛇口からあふれ出すものだ。

淡水
たんすい

世界中で、たくさんの人々が、川や湖、わき水、井戸などから、淡水をくんで使っている。また、パイプやタンクを使って、自宅まで水を運ぶ人もいる。

水源
すいげん

川や貯水池、湖、地下水は、淡水が手に入る重要な水源だ。雨がふると、それらの水源に水が補充される。

流域
りゅういき

34

地下水
ちかすい

36

水の供給
きょうきゅう

水道工業は、淡水を浄化して各家庭の蛇口までとどけるという役割をになっている。さらに、家庭から出るよごれた廃水を遠くに運ぶ役割もある。

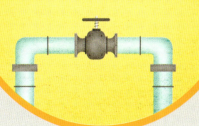

きれいな水

38

きたない水

40

水を見つける

住所がどこだろうと、わたしたちはみんな、いずれかの流域に住んでいる。流域とは、雨や雪がもたらすすべての水を、ある共通の「場所」へと流出させる、大地の範囲のことだ。この「場所」とは、湖や、川、海、さらには地中のこともある。水源は、住んでいる流域によって変わる。湖や小川、氷河がとけた水から淡水をえられるかもしれない。井戸でくみ上げた地下水かもしれないし、貯水池のような人工の池の水かもしれない。

水源
昔の人々は淡水が手に入る水源の近くに住むか、水を求めてあちこちに足を運ばなくてはならなかった。現在では、ほとんどの人が、時には何キロもはなれた場所から自宅まで、水を直接、引いている。

地下水
水が、土壌や岩のすきまに入りこむ場合には、流域の水のほとんどが地下で見つかることもあるだろう。この地下水の一部は、わき水や川を通じて、地表にもどってくる。

水をためる
貯水池とは、必要となるまで水をためておける大きな湖のことで、たいていは人がつくったものだ。ダムは、川から貯水池に入る水の流れを調整しているんだ。

水源 35

下へと流れる水

重力という下向きの力によって、水は地面の高いところから、低いところへと流れる。丘や山があると、水の流れが分かれるので、流域が分かれるんだ。

水量

下流で手に入る淡水の量は、上流でふった雨や雪の量で変わってくる。また、流れのとちゅうで、水が蒸発したり人間がくみとったりすると、下流で使用できる水の量がへる。

水質

流域の上流でなにが起きているかによって、地域の水源の水質が変わる。上流に住宅地や農場、工場、鉱山があると、そこで汚染された水が下流まで流れてくるかもしれない。大切なのは、流域を注意深く管理して、健全にたもつことだ。

水との関わり

水の供給について理解するには、流域を理解しなくてはならない。人間の活動によって、流域の下流で手に入る水の質と量が、大きな影響を受けることがあるからね。

36 水源

地面をほって水を出す

世界の淡水は、ほとんどすべてが地下にあって、土壌や岩の小さなすきまにとじこめられている。川や湖といった地表水にくらべると手に入れづらいけれど、帯水層にとどくまで、井戸をほったり、ボーリングで穴を開けたりすれば、水が手に入る。帯水層とは、地下水が岩の間をかんたんに通りぬけられる場所なんだ。世界の人口の少なくとも半分が、きれいな淡水を手に入れるのに、帯水層にたよっている。

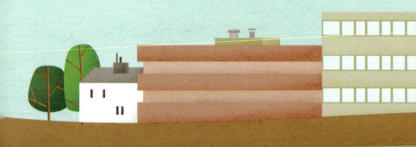

毎日の水の使用

30

地下水面
地表より下に存在する水の水位を、地下水面という。季節や天気や気候によって、地下水面は変化する。

岩と土壌
地下にある岩の種類によって、地下水のくみ上げやすさは大きく変わる。岩によっては、水が通りぬけられる亀裂が入っているものがある。その亀裂を通った水が集まって、帯水層が形成されるんだ。

帯水層
良質な水が大量にある地下の水源を、帯水層という。井戸は、帯水層までほらないと、ちゃんと働かない。井戸のまわりが岩でがっちり固められていれば、水は自然にわきあがる。地上まで水をくみ上げるのにポンプを使うこともある。

水源 37

歴史をつくる

かつて、町や都市は、川や湖のような、地表にある水源の近くで発展した。現在では、多くの大規模なコミュニティが、見えないところにある帯水層にたよっている。こういった地下の水源を慎重に管理し、水をいっぺんには取り出さないようにして、補充されるまで待てるようにしなくてはならない。

廃水
40

高温の地面

現代の都市や町は、道路や歩道や駐車場など、舗装されている範囲がとても広い。そのため、雨水が地下にしみこまず、蒸発したり川に流れこんだりするので、帯水層が補充されないことがある。

自然のわき水

帯水層の水が、地表まで押し出されて、わき水となっている場所もある。そこからかんたんに水が手に入るけれど、帯水層が汚染されやすくなる。

陥没の危険性

帯水層からあまりに多くの水が取られると、そこにできた空洞に、土壌や岩がくずれ落ちることがある。その結果、帯水層の真上にある地面が沈んだり、陥没したりするかもしれない。

水が充満した帯水層は、上の土地をささえてくれる。

帯水層の水がへると、上の土地が沈むかもしれない。

水との関わり

帯水層は、とくに町や都市にとって、淡水の重要な供給源だ。地下にしみこんだ雨によって、水が補充されるのだが、それより先に水を取ってしまわないよう、帯水層を慎重に管理しなくてはならない。

38 　水の供給

水道から出る水

人々にきれいな水をとどけているのは、大企業や政府であることが多い。自然界の水源や人工的な水源からくみ上げられた淡水は、ろ過され、化学物質で処理されて、有害なバクテリアが取りのぞかれる。その水が、ポンプやパイプでできた水道システムによって、みんなの家や職場に送られる。そこでは蛇口をひねれば水がかんたんに手に入るので、水をとどけるためにどんな人や組織が関わっているのか、わたしたちが意識することはほとんどない。

家庭での水　28

人権

国連は、すべての人間に、水をえる権利があると宣言している。それぞれの国が責任をもって、すべての人が安全で清潔で安価な水を飲んで、健康を維持できるようにしなくてはならない。

水の管理

多くの国では、清潔な水の管理と供給を、政府が行っている。国によっては、入札で選ばれた企業が、特定の地域の住民に対して水や浄水処理などを提供することもある。

浄水

必要とされる場所に水を送るのなら、浄水してからでないといけない。有害な物質をふくむ水を送って、みんなが病気になったら大変だからね。

環境への配慮

すべての水道事業は、環境にダメージをあたえない方法を考える必要がある。どんな水源でも、水を取りすぎると、その地域の動植物に深刻な被害をもたらしかねない。

水の供給 39

水道料金をはらっているのはだれ？
多くの場所では、家主や事業主が水道料金や税金をはらって、それが上下水道の費用にあてられている。水道事業の資金をまかなうことのできない地域を支援するため、裕福な国が寄付をすることもあるんだ。

淡水化 → 57

海水の処理
世界でもとくに乾燥した地域では、海水から塩分を取りのぞいて淡水に変えていることがある。この淡水化（脱塩）の処理には、膨大なエネルギーが必要なので、費用がかさむんだ。

水を集める
水道事業者は、地表や地下の水源から水を集めている。降水量は季節によって変わるので、川にダムをつくったり、貯水池をつくったりすることもある。これは、年間をとおして、いつでも十分な水が使えるようにするためだ。

水との関わり
飲み水や、清潔さをたもつための水を手に入れられることは、人権のひとつなんだ。ほとんどの人は、水道料金をはらって、きれいで安全な水を供給してもらっている。浄水処理がなされた水が、各家庭の蛇口までとどくんだ。

水をとどける
水道事業は、家やさまざまな建物に水を運ぶため、パイプやポンプの巨大なネットワークを管理しなくてはならない。水もれがあると大変なので、こまめな点検が必要になる。

水の供給

廃水の処理

水道事業の仕事は、水を蛇口までとどけたらそれで終わりというわけではない。わたしたちがキッチンやトイレで流したすべての廃水を処理するのも、水道事業の仕事だ。さまざまな場所で、こういった汚水が集められて、地下の排水管や下水道を通って水処理場まで送られる。よごれや病原菌が取りのぞかれて浄化された水は、川や湖や海へと放水され、ふたたび水循環に組みこまれるんだ。一部の水は、もう一度浄化されてから、そのまま水道システムにもどされることもある。

廃水の中にはなにがある？

廃水はよごれている。生ゴミ、プラスチック繊維、化学薬品、医薬品、塗料、さらには、トイレに流したものや、道路の排水溝に流れこんだものなど、なにが入っていてもおかしくないんだ。固形のゴミがひとかたまりになってできた大きな「ファットバーグ（あぶらのかたまり）」で、排水溝がふさがれることもある。

見えないところで使われる水
30

水の供給 41

浄水処理

処理された廃水のほとんどは、飲めるほどきれいではない。せめて、これからもどされる環境に害をあたえない程度には浄水されてないといけないのだが、十分にできてないこともある。

水処理場にて

まず、水にうかぶ大きなものをろ過して取りのぞく。その後、水は少なくとも3段階の処理を受ける。それによって、固形のゴミや、あらゆる危険な化学物質、目には見えないバクテリアなどが取りのぞかれるんだ。

固形のゴミ（おもに人間の排せつ物）を、大きなタンクの中で沈殿させる。

役立つ微生物たちが、タンクの中で、危険なバクテリアや汚染物質を食べて分解してくれる。

役立つ微生物たちが、水から取りのぞかれる。こうして浄化された水は、リサイクルされるか、自然の環境にもどされる。

廃水の旅路

排水管に流された廃水は、パイプの中をぬけて、大きな下水道へと流れこむ。そこで近所から出た廃水とまざりあって、水処理場へと向かうんだ。

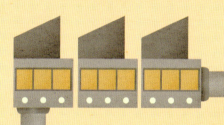

よごれた水 → 46

水との関わり

廃水を集めて浄化するのは、水道事業の重要な仕事だ。だけど世界中で、とほうもない量の廃水が、処理されないまま川や湖や海にすてられたり、あふれ出たりしている。これが、水質汚染の大きな原因になっているんだ。

水は十分にあるの？

地球上には液体（えきたい）の水がかつてないほどたくさんあるけれど、それが世界各地に均等（きんとう）にいきわたっているわけではない。世界中で、何億もの人々が、淡水（たんすい）が不足する地域（ちいき）に住んでいる。そして何億もの人々が、きれいな淡水をまったく手に入れられずにいる。

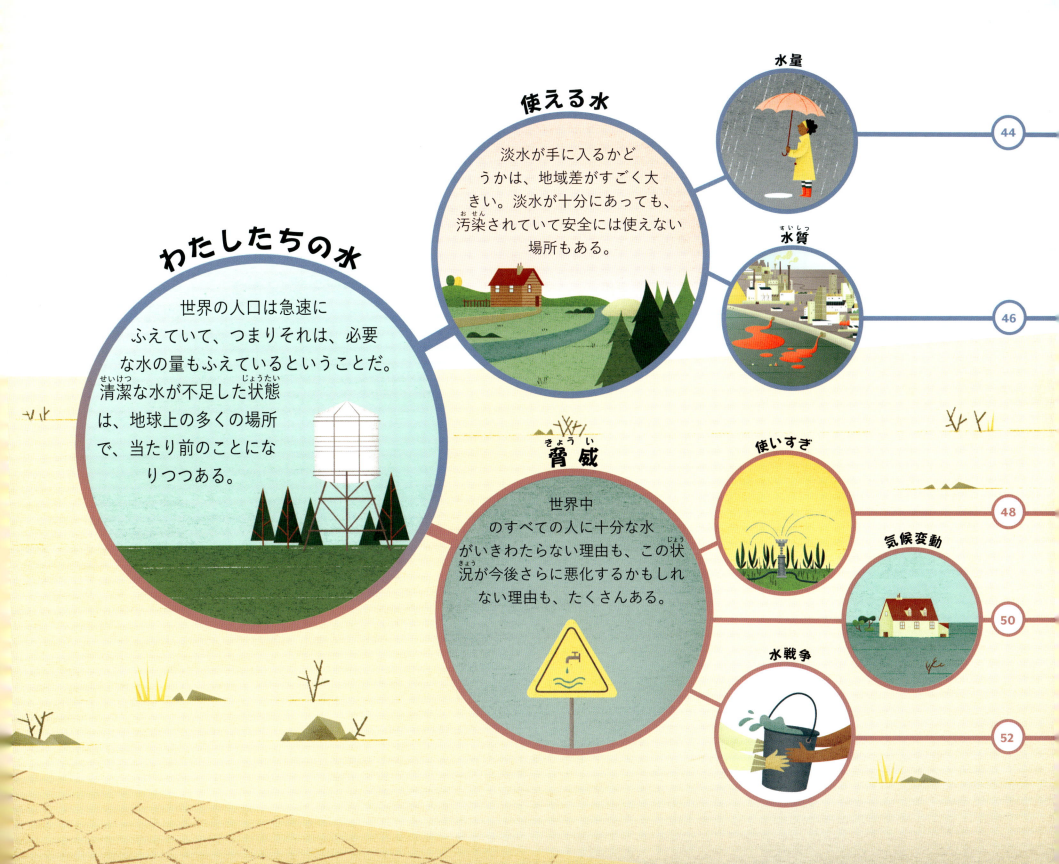

44 使える水

水は十分にあるけれど

地球はとても水の多い場所だけど、わたしたちが必要とする淡水は、均等にはいきわたっていない。水循環によって、ほかの場所よりもはるかに大量の雨がふる場所もあるけど、それを遠くまで運んで、すべての人に十分な水をいきわたらせるのはむずかしい。そのため、洗たくやトイレや飲み水用に水をたくさん使える人がいる一方で、何億人もの人々が、十分な飲み水を見つけるのにも苦労している。

水を見つける

場所で決まる運命

雨の多い地域に住んで、使い切れない量の水が手に入る人もいる。それぞれの人がどこでくらし、どういった活動をするかによって、水に対する考え方はまったくちがったものとなる。

水のある生活

きれいで安全な水が自宅までとどくくらしをしていると、それが当たり前だと思うかもしれない。わたしたちは生活のほとんどあらゆる場面で水を使い、むだづかいをするときもある。だけど、本当に必要な量を使えていない人もいるんだよ。

シャワーやおふろのときに、水が何リットルも使われる。

食器洗いで水を流しっぱなしにすると、何リットルもむだになる。

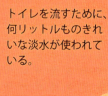

トイレを流すために、何リットルものきれいな淡水が使われている。

使える水 45

水と衛生
新型コロナウイルス感染症のようなパンデミックが起きると、手洗いで助かる命があることを再認識するよね。だけど、安全に手を洗える場所がどこにも（自宅にさえも）ない人が、世界中で30億人近くいる。

水を集める　52

水不足
世界の人口の約半数が、とても乾燥した地域に住んでいて、毎年少なくとも1カ月間は深刻な水不足に直面している。水不足とは、人々の必要を満たせるだけの水がないという意味だ。

水のない生活
水の使いすぎや雨不足のために、湖や貯水池が干あがって、ひびわれてしまった場所もある。10人に1人は、きれいな水を自分ではらえる値段で手に入れるために、30分以上も歩かなきゃいけない。世界の人口の4分の1は、トイレや洗たくをする場所が自宅にないんだよ。

水との関わり
だれもが、日々のくらしに必要な水を、確実に手に入れられなければならない。しかし水の量は、地球上の場所ごとにかたよりがある。安定した水源のない場所に、十分な水を供給できる方法を、考え出す必要がある。

水を大量に使う洗たく機で、衣類が必要以上にひんぱんに洗われているんだ。

観葉植物への水やりに水道水が使われている。本当は、雨水がいいんだけど。

飲めるくらいきれいな水でも、飲み水として使われる割合は、かなり少ないんだよ。

46 使える水

水質

人々が必要とする水は、淡水ならなんでもいいわけじゃない。清潔で、危険な汚染がない水でないといけない。だけど、世界の人口の少なくとも4分の1が、汚染された水を毎日飲んでいる。それしか手に入らないからだ。

農場の汚染

雨がふると、家畜の排せつ物や肥料が農地から流れ出て、川や湖に入ることがよくある。これらの物質のせいで、野生生物のくらしや自然の生息環境が破壊されかねない。

なにが水を汚染しているのか？

わたしたちが使う水は、化学薬品や、有害な微生物、プラスチックゴミなどで汚染されることがある。これらの3種類の汚染物質を水に入れるのは、たいてい人間だ。間違ってのこともあれば、何も考えず汚染物質をすてるという場合もある。

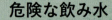

下水の汚染

人間が出す汚物は、水質汚染のおもな原因のひとつだ。世界の河川の3分の1は、処理されていない下水からの病原菌によって汚染されている。

危険な飲み水

少なくとも1億2200万人が、川や湖の水をそのまま飲み水にしている。その水が下水により汚染されていると、コレラや赤痢、腸チフスといった病気が広がってしまう。

人による汚染

わたしたちは日々のくらしで、虫よけ剤や日焼け止め剤などの化学物質をよく使っている。人が泳いだり体を洗ったりすると、それらの物質が体からはなれて、水の中へと入りこむ。

家庭での水
28

使える水

汚染された水の危険性は？

毎年、安全でない水を飲んだり使ったりしたために、約10億人が病気になり、200万人近くが死んでいる。

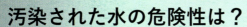
廃水

産業汚染

工場や発電所、鉱山では、大量の水が使用されている。その水が自然界にもどされるときには、野生生物や人間に害をなす危険な化学物質や汚物がふくまれていることもある。

廃水

世界中の廃水の約80％が、浄化されないまま、川や海へと流れこんでいる。この水には、化学物質や、道路から流れ出た土砂も入りこんでいる。

燃料による汚染

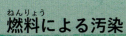

石油や化学物質の流出によって水は汚染され、鳥やさまざまな海洋生物、たとえば魚やイルカやウミガメなどが被害を受ける。サンゴ礁をはじめ、生態系全体が破壊されかねない。

プラスチック汚染

わたしたちがすてるゴミも、水をよごしている。ゴミには大量のプラスチックがふくまれていて、分解されるまで何百年もかかることもある。

水との関わり

人々は、汚染された水が原因で病気になるなど、深刻な被害を受ける可能性がある。大事なのは、まずは水質汚染の原因を理解すること。そうすれば、防止策を立てられるからね。

48　脅威

水の使いすぎ

ある地域で、淡水の4分の1をこえる量を人間が使っているとき、その地域は水ストレスに苦しんでいる状態だといわれる。水循環によって水が補充されるよりも早く、水が使われることもあるんだ。それが起きると、水ストレスから、水不足になりうる。つまり、必要とされる水の量をまかなえない状態だ。現在、世界で必要とされる淡水の量は、100年前の6倍にのぼり、水ストレスも水不足もふえている。

帯水層

水の移動
食料は世界中に運ばれて、産地から遠くはなれた場所で消費されることがよくある。つまり、農作物や畜産物の内部にとじこめられた水が、まったく別の場所で水循環にもどされるんだ。そんなことを続けていると、世界の水の分布大きく変わってしまうかもしれないね。

使いすぎの危険
世界の帯水層の3分の1近くが、地域の水循環によって補充されるよりも早く、水をぬき取られている。水道システムが古くて水もれしやすいと、さらに水がなくなるだろう。

生息地の破壊
人間のさまざまな活動によって、水の供給がおびやかされている。世界のどこかの地域で森の木々を切っただけで、地球全体の大気と水とを動かす自然の複雑な循環が、かきみだされる可能性があるんだ。

脅威 49

人口の増加
世界の人口がふえるにつれて、水がもっともっと必要になっている。世界の人口の半数以上が、これから水の需要を満たせなくなりそうな地域でくらしているんだ。

お金がふえて、使う水もふえて
この100年間で、水の使用量は、生まれてくる赤ちゃんがふえるよりも2倍以上も速くふえているんだ。これは、何十億という人々が、水を大量に使う製品を買えるようになり、きれいな淡水を自宅で使うようになったからだ。

干ばつ
→ 51

町で使う水
町や都市では、たくさんの水が必要だ。淡水の水源はあるのに、人々に水をとどけるシステムがない場所もある。裕福な人々は、自分用に水を買う余裕があるけれど、そうでない人は十分な水を確保するのにいまでも苦労しているんだ。

天候の変化
わたしたちは暑い時期に水をたくさん使うことが多いけれど、雨季になっても雨がふらず、水源が補充されないことがある。干ばつが何年も続くと、人々は、自分の食料も、家畜のウシやヒツジの食料も、育てられなくなる。

水との関わり
水の使いすぎと供給量の減少という問題は深刻化しており、すべての大陸に影響がおよんでいる。淡水がたくさんある地域でさえ、危険にさらされているんだ。

50 | 脅威

気候変動の影響

人々は、大量の石炭や石油、天然ガスを燃やして、乗りものや工場、家庭で必要な電力をつくっている。これらの化石燃料を燃やすと大気中にガスが放出される。このガスが、世界的な気温の上昇や気候変動を引き起こしているんだ。こういった変化によって、氷河がとけたり海面が上がったりするだけでなく、これまでよりもはげしい嵐といった異常気象が起きている。気候変動によって、世界中の水の分布が変わりつつある。それと同時に、洪水や干ばつなどによって、多くの場所で水不足が起きている。

水循環

洪水

近年、気候変動によって、豪雨が起きたり、海面が上がったり、氷河がとけたりしている。これらすべての要因によって、世界中のさまざまな場所で、かつてないほどの被害をもたらす洪水のリスクが高まっている。

危険な洪水

洪水とは、地表にある水が急にふえることだ。洪水で水不足が起きるなんて聞くと、変な話だと思うんじゃないかな。じつは、洪水によって汚染物質が地表水や地下水に流れこんで、水が安全に使えなくなることがあるんだ。

水の移動

気候変動によって、地球の表面の風と水の動きが変化している。その結果、これまでは水がなかった場所に水が集まっている。洪水のときと同じことが起きているんだ。

脅威

干ばつ

降水量が少ない期間が例年よりも長く続いて水不足となることを、干ばつという。気候変動によって、干ばつがこれまでよりもよく起こるようになっている。

乾燥した場所でのくらし

干ばつの危機

たくさんの場所で、気温が上昇して、さらに多くの水が必要になっている。飲むためやすずしくすごすためだけでなく、とくにかんがいのために必要なんだ。

行動を起こさなければどうなるの？

気候変動により干ばつが起き、水が足りなくなって、農作物の収穫や食料供給がおびやかされている。科学者たちが明らかにしたのは、わたしたちが気候変動とたたかわなければ、2050年までに世界の半数以上の人々が水ストレスの危機にさらされるということだ。

地表水の減少

干ばつの時期には、農家が、畑や植物に十分な水をやるのがむずかしくなる。湖や、貯水池、湿地などの地表にある水源は、すぐに干あがってしまうんだ。

水との関わり

気候変動によって、水の供給が不安定になっている。すでに水ストレスに苦しんでいる場所に、その影響が表れているんだ。行動を起こさなければ、水ストレスはさらに広がるだろう。

脅威

水戦争

すべての人に、十分な量のきれいな淡水を供給することは、世界が直面している最大の問題のひとつだ。政府、農家、産業界、そして個人が、水の供給源をひとりじめしようとすれば、対立が生まれやすくなる。最初に水戦争が起きたのは4500年以上前のこと。イラクのある都市が自分のところの運河に水を引こうと川の流れを変えたせいで、別の都市に水がいかなくなったんだ。今日の指導者たちも、同じ課題に直面している。どうすれば、ほかの人々への供給に影響をおよぼすことなく、水ストレスと水不足を解消できるのかという課題だ。

水のための移住

もし水の供給の問題に直面したら、多くの人が、安定して使えるきれいな水源のある地域に移住したいと考えるだろう。科学者によると、干ばつのために移住せざるをえなくなる人は、2030年までに何億人にものぼるという。

世界の国家の90%が、水源を少なくとも1つか2つの他国と共有している。

力を合わせて

水をめぐる争いをさけるには、地域社会や国が、共有する水資源を管理するために協力しなくてはならない。そのための取り組みには、気候変動への対策もふくまれる。

脅威 53

水をためる
大きなダムを川につくる目的は、大量の水をためるためと、いつ、どこに水を流すのかを管理するためだ。だけど、ダムによって下流に住む人たちが受ける影響について、ダム建設を決めた人たちがよく考えていないこともある。

水の供給の変化
上流の農地や住人にとっては、ダムは信頼できる水源になる。だけど、ダムのせいで、下流にとどく水の量がへることがある。ダムが対立を生みかねないんだ。

水のために歩く
ふだん使っている水源が使えなくなった人々は、水を求めて、ものすごく遠くまで行かなくてはならないことが多い。

水との関わり
世界中の水にとって、人間が引いた境界線なんて関係ない。水という資源は、みんなで分けあうべきものなんだ。各国がつねに協力して水源を管理して、水戦争を起こさないようにしなくてはならない。

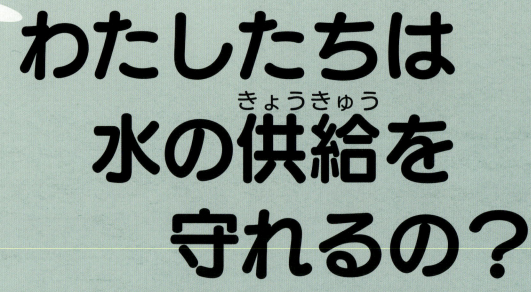

わたしたちは水の供給を守れるの？

十分な量の淡水を確保できないという問題は、世界のたくさんの地域に、すでに影響をおよぼしている。いまわたしたちが行動しなければ、この問題は今後さらに大きくなるだろう。世界の水の供給を守る方法については、さまざまなアイデアがある。わたしたちみんなが力を合わせれば、水の供給を守れるんだよ。

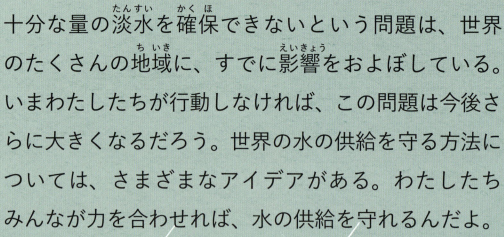

水の供給

水の供給を守る方法や、淡水の新たな供給源を見つけるために、科学が役に立つだろう。だけど、わたしたち自身が、水の使い方を変えることも必要だ。

テクノロジー

たくみなアイデアが、水の供給を管理するのに役立つだろう。生態系を保護するためには、新たな手法の発見が必要なんだ。

スマートテクノロジー

56

発明

57

取り組み

ある場所で決めたことの影響が、何千キロもはなれた場所でくらす人々にまでおよぶことがある。水の供給を守るには、みんなが協力しなければならないんだ。

地域で

58

世界で

60

56 テクノロジー

新たなテクノロジー

何千年にもわたり、人々は淡水の安定した供給のために新たなテクノロジーを使ってきた。古代シュメール人は、作物に水やりするために、かんがいシステムを発明した。古代エジプト人は、化学的なフィルターをつくって、ナイル川の水を浄化していた。古代ローマ人がつくった水道橋によって、丘をぬけ谷をこえて水が運ばれた。今日の科学者やエンジニアたちも、同じくらいがんばって、水ストレスと水不足の問題の新たな解決策を生み出そうとしているんだよ。

46 水質

家庭での節水

自宅で水を節約するのに役立つテクノロジーがある。トイレに節水装置を取りつけるなど、とてもシンプルなアイデアもあるし、スマートメーターのようなハイテク製品もある。

水の使用量を監視するスマートメーターは、節水に役立つんだ。

新たな水源の発見

テクノロジーが、かくれた水源の発見に役立っている。科学者たちは最近、アメリカ東海岸の近く、大西洋の海底のさらに下に、巨大な淡水の帯水層を発見した。

コミュニティとして節水する

ATMからお金を引き出すのを見たことがあるよね。じゃあ、水を引き出せるATMはどうかな？インドのドリンクウェル社は、スマートテクノロジーを使って、ウォーターATMから水を引き出せるようにしたんだ。たくさんの人が1カ所で水の提供を受けるような地域で、水を少しでもむだにしないための仕組みだ。

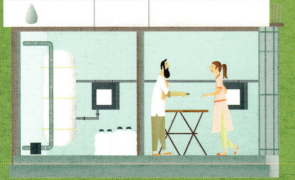

水質をよくする

ライフストローは、その場で水をろ過できる、ストロー型の発明品だ。水から寄生虫を取りのぞいて、安全に飲めるようにするんだ。

テクノロジー 57

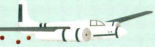

クラウド・シーディング（雲の種まき）
雲を形づくっているのは、淡水の小さな水滴の集まりだ。雲は、水が最も必要な場所に、雨をふらせるとはかぎらない。クラウド・シーディングとは、雨粒を形成させるような物質を雲に加えることで、必要な場所で雨をふらせる技術だ。

農場での節水
かんがいにもスマートテクノロジーが使われている。人工衛星を使って、気候や雨の量を宇宙から監視するんだ。農家は、携帯電話に送られた情報を参考にして、必要なときに必要な場所でだけ水を使用する。

動く水
もっと野心的なアイデアもある。たとえば、水不足の都市まで、船で巨大な氷山を引っぱるというもの。これまでにも船で氷山の進路を変えるという試みはあったが、巨大な氷山をとかさずに長い距離を引っぱるのは、はるかにむずかしい。

新しい種類の農作物
農家が取り組んでいるのは、水が少なくても育つ、干ばつに強い農作物の栽培だ。品種や技術の改良が進められているよ。

海水を淡水に
海水は、塩分を取りのぞけば淡水に変えられる。「淡水化（脱塩）」とよばれるこの処理には、たくさんのエネルギーが必要だ。これを再生可能なエネルギー源でまかなうことができれば、今後、淡水化が重要な水源になるかもしれない。

ある淡水化プロジェクトでは、水中の波力発電ブイでつくったエネルギーで、淡水化を行っている。

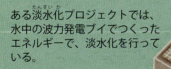

塩水

12

水との関わり
水ストレスと水不足の問題を一発で解決できるような科学や技術はどこにもない。世界の淡水の供給を守るためには、わたしたち自身が、水の管理方法や使い方を変えなくてはならないんだ。

58 取り組み

地域で節水する

地域の水の供給を守る一番いい方法は、シンプルだ。いまかんたんに手に入る水をもっとちゃんと管理して、みんなが使えるようにすること。すでにある水をきれいにして、むだづかいをなくせば、全体としてみると、それほど多くの水は必要なさそうなんだ。国際的な世界銀行によると、そのために必要なコストは、世界の総資産のたった1000分の1なんだって。みんなにとって、コスト以上のメリットがあるよね。

資源の管理

自宅の水もれを修理すれば、だれでも水のむだづかいをへらせる。蛇口から水がポタポタ垂れているだけで1年間に4000リットル以上もれたり、トイレのタンクの水もれで1日400リットルがむだになったりしてるんだ！

水の使用量をへらす

地域での水の使用量を大幅にへらすのも、不可能なことじゃない。実際に、水の供給を守るための綿密な計画を立てて、人々が使う水の量を半分にへらせることを証明した地域もあるんだよ。

汚染の浄化

廃水を管理して、地域の水系に汚染が入りこまないようにするのが大切だ。汚染を大幅にへらすことで、ふつうなら水がよごれている港のような場所でも、人が泳げるほどになった都市もあるんだよ。

むだをへらす

多くの国では、パイプを流れる水の3分の1から3分の2が、家にとどく前にもれているんだ。まずはこの水もれを直して、節水をはじめよう。

パイプの水もれ　48

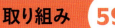

新しい町の計画

新しい家や町をつくるときには、ぜったいに、水について考えないといけない。家や町をつくる土地を排水するよりも、氾濫原のような自然界の防護をそのまま残すほうがよっぽど大切だと、多くの都市計画家が気づきはじめている。氾濫原には、水をろ過し、たくわえ、周辺地域を洪水から守るという役割があるからね。

水との関わり 地域の水の供給を守る第一歩は、水を使ったり管理したりする方法について、もっと慎重に考えることだ。自然を大切にするのは、ただの「いいこと」ではない。わたしたちの水の供給を守るために不可欠なことなんだ。

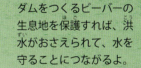

ダムをつくるビーバーの生息地を保護すれば、洪水がおさえられて、水を守ることにつながるよ。

食べものの選択

裕福な国では、動物の肉が多く食べられている。肉の原料となる動物を育てるには、たくさんの淡水が使われる。わたしたちが動物の肉を少しひかえれば、その小さな変化から大きなちがいが生まれるだろう。

世界中で節水する

わたしたちのもとにとどく水は、地域の水源の水であることが多い。水源を管理しているのは、現地の地方自治体や水道会社だ。しかし、みんなが知っているように、人間の決めた国境や境界線なんて、水には関係ない。地球の水の供給を守るには、世界中の人々が協力しなければならないんだ。じつはすでに、たくさんの「水のヒーロー」たちが、水を守り、すべての人にきれいな水を供給するために、がんばっているんだよ。

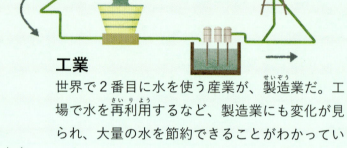

工業
世界で2番目に水を使う産業が、製造業だ。工場で水を再利用するなど、製造業にも変化が見られ、大量の水を節約できることがわかっている。

「水のヒーロー」たち
水を守るために、さまざまな職業のたくさんの人々が、懸命に働いている。すぐれたアイデアを出し合い、新たな課題に挑戦し、みんなが節水の大切さに気づくよう取り組んでいるんだ。

水を賢く使う町のための植物

環境保護団体
屋外環境の管理を支援する環境保護団体もある。湿地を復元したり、水をあまり必要としない植物を植えるよう都市計画家にすすめたり、もっとすぐれたかんがい技術を使うよう農家に働きかけたりしている。

点滴かんがい

慈善活動
だれもがきれいな水を利用できるよう、慈善活動に取り組む人たちがいる。太陽電池で動く給水ポンプなど、重要な新プロジェクトのために資金を集めたり、水に関する新しい法律をつくるよう政府に働きかけたりしているんだ。

考えを伝えよう
68

太陽電池で動く給水ポンプ

科学者　慈善活動家　製造業者

科学者

科学者たちは、世界各地で、人間が使う水の量を調べていて、世界のリーダーが最善の取り組みを選べるよう、助けることができるんだ。さらに、水を浄化したり再利用したりするためのすぐれた仕組みを発明している。

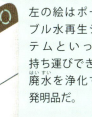

太陽光と風力発電を利用して水を浄化する、サンスプリング・ハイブリッドという装置。

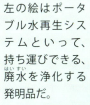

左の絵はポータブル水再生システムといって、持ち運びできる、廃水を浄化する発明品だ。

農業

農業

世界で最も水を使う産業が、農業なんだ。世界のリーダーたちは、農家の人たちと協力して、十分な食料を生産しながらも水の使用量をへらすために、なにができるのかを考えなくてはならない。

環境問題の専門家　運動家　世界的リーダー　農家

運動家

国際的なキャンペーン活動によって、人々の考えを変えられる。また、川の汚染の浄化などの重要な水の課題について、みんなが話題にするようになる。

水との関わり

世界中の多くの団体が、協力して、水を守る方法を伝えようとしている。世界のリーダーたちは力を合わせて、これらの団体の意見に耳をかたむけ、将来的にすべての人が清潔な水の供給を確実に受けられるようにしなくてはならない。

水を守るためにできることって？

わたしたちが毎日使うあらゆるものをつくるのに、水が必要だ。運よく水道のある場所に住んでいる人は、水を使いはたすなんて、思いもよらないだろう。だけど、きれいな淡水(たんすい)は、地球に無限(むげん)にあるわけじゃない。だから、水を守るために、わたしたちみんなが自分の役割(やくわり)をはたさなくてはならないんだ。

水を守ろう

世界の水の供給(きょうきゅう)を守るため、行動を起こす責任(せきにん)は、わたしたちみんなにある。あなたが役割をはたせる方法も、たくさんあるんだよ。

水の使用量をへらそう

どうすれば家庭で使う水の量をへらせるかな？ 買うもの、食べるものすべてのために、見えないところで水が使われているんだ。その水の量も、へらさなきゃね。

家庭で — 64

買いもの — 66

食べもの — 66

行動を起こそう

水の供給を守るため、あなたの考えをほかの人に伝えよう。どんなに小さな行動でも、みんなが実行すれば、本当に大きなちがいが生まれるよ。

積極的に声をあげよう — 68

自然を守ろう — 68

再使用(さいしよう)しよう — 69

64　水の使用量をへらそう

水を賢く使おう

家庭での水のあらゆる使い方について、よく考えよう。水を使わないために、小さなことでもなにかできないかな？　かんたんにできることもあるんだよ。たとえば、本当に洗わなきゃいけなくなるまで、服を洗たくかごに入れないとかね。取り組みによっては、少し計画を立てたり、古い習慣から新しい習慣に切りかえたりしないといけないこともある。ここでは、すぐはじめられるアイデアを紹介しよう。

水をただで手に入れよう！

家の屋根から流れ落ちる雨水を集めるため、バケツを置いてもいいかと家族に聞こう。雨水は、水道水の代わりにいろんなことに使えて役立つからね。

植物への水やり 45

自宅での洗車
雨水をバケツにためておけば、車や自転車やよごれた長靴を洗うのに使える。

環境にやさしく
雨水で水やりをすれば、植物にも地球にもやさしいんだよ。

水の使用量をへらそう 65

44

こまめに水を止める

よりよい成分のものを使おう
そうじをする前に、考えよう！ 排水口に流されたいろんなものが、水源を汚染するかもしれないよ。もっと環境にやさしい成分の品や、せっけんなどに切りかえよう。

化学薬品や、ラメのような小さいプラスチックは、流しには流さないようにしよう。

賢くみがこう
歯をみがいたり手を洗ったりするときに蛇口が開きっぱなしだと、毎日何リットルもの水がむだになる。水を使わないときには蛇口をこまめにしめるよう、習慣づけよう。

トイレの節水
家庭で使われる水の3分の1近くが、トイレで流されるんだ。流すたびに水を節約できる節水グッズもあるので、自宅のトイレにあうものをよく調べて選ぼう。

賢く飲もう
冷たい水を飲みたいからって、蛇口をひねって冷えた水が出るまで待つと、水がむだになるよね。代わりに、水を水差しに注いで、冷蔵庫に入れておくといい。口当たりがよくなるよ！

水との関わり

家庭で水を賢く使うことで、変化を起こせるんだ。少しの節約でも、みんなでがんばれば、かなりの量の節約になる。家族や友達にも、これまでの習慣を変えてもらおう。

水の使用量をへらそう

しっかり節約しよう

わたしたちは、飲み水、料理、洗たくなど、生活のほぼすべての場面で水を使っている。しかし、それ以上に大量の水が使われるのが、農業と工業だ。日常生活で使うあらゆるものの栽培や製造に、水は欠かせない。あなたが着ているシャツの原料は綿花だし、プラスチックの歯ブラシをつくるために地中から石油がほり出される。つまり、自分のウォーターフットプリントをへらし、世界の水の供給を守るためのすごくいい方法とは、よく考えてものを買う量をできるだけへらすことだ！

食習慣を変える

肉を食べる量をへらそう

人間が毎年使うすべての淡水の10分の1近くが、家畜を育てるために使われている。牛肉は、間違いなく、つくるのに最も水を消費する食品だ。ハンバーガー1個分の牛肉をつくるのに、2000リットル以上の水が必要なんだよ。

服を買いすぎないようにする

温暖な気候でよく育つ綿は、育てるのに大量の水がいる作物だ。Tシャツをたった1枚つくるのに、バスタブ18杯分の水が必要なんだよ！

靴やスニーカー、とくに革製品をつくるときには、大量の水が使われるんだよ。

砂糖をへらそう

サトウキビは大量の水を必要とする作物だ。わたしたちが砂糖を食べれば食べるほど、サトウキビがたくさん植えられる。あまいお菓子をひかえるのは、自分のウォーターフットプリントをへらせる、健康的な方法なんだよ。

洗たくの回数をへらそう

衣類の洗たくは大量の水を使う。しかも、化学繊維の布を洗うと、細かいプラスチック繊維が水中にぬけ出るんだ。洗たくの回数はなるべくなら少なくしたいね。

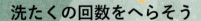

水の使用量をへらそう 67

どこにでもある水

水道の蛇口をひねるたびに、どうしても水がむだになる。だけど、わたしたちは、自分が排水口に流す水だけを使っているわけじゃない。わたしたちが買うもの食べるものはすべて、つくるときに大量の水が使われている。

水との関わり

新しく買ったもの、自宅にあるもののほとんどすべてが、すでに何リットルもの水が使われた状態で、あなたの手元にとどいているんだ。買うものをへらし、肉を食べる量をへらせば、みんなが使える水の量が大きく変わるよ。

蛇口から遠くで

蛇口までとどくのは、淡水10リットルのうちたった1リットルだ。残りの、わたしたちが見ることのない水は、何千キロもはなれた場所でプラスチックや食品やおもちゃの製造なんかに使われている。買いものをへらして、ウォーターフットプリントもへらそう。

ペットボトルの製造には、ペットボトルに入る水の量の、少なくとも2倍の水が必要なんだ！

機器の電源を落とそう

火力発電所では、大量の水を使ってつくった蒸気で、タービンを動かしているんだ。使わないときは、電子機器の電源をできるだけ切るようにしよう。

水の使用
69

紙のむだづかいをやめる

1年に生産される紙は、4億5000万トン以上。原料の木材は再生可能かもしれないけれど、紙の生産のウォーターフットプリントは大きい。使う量をへらすようにしよう。

考えを伝えよう

あなたは、国や学校や自分の家のルールを決めるには、若すぎるかもしれない。だけど、ほかの人に影響をあたえるのに、若すぎるということはない。くらしの中で変化を起こすアイデアを実行すれば、それを聞いたほかの人の行動も変わるかもしれない。あなたは連鎖反応を起こせるんだ。あなたが考えを伝えれば、ほかの人の水の使い方が変わり、人のくらしが、そして地球が、よりよい方向に変わるだろう。

あなたの考えを伝えよう

この重要な水の問題について、積極的に伝えよう。水のことを友達や家族にも話して、みんなに協力してもらうんだ。オータム・ペルティアやマリ・コペニーといった若い活動家について調べて、みんながどのように声をあげているかを知ろう。

自然を大切にする

木や植物は、水をすい上げてろ過する。また、小川に流れこもうとする地下水をせき止めて、地下水の水位をたもつ働きもある。もっと木を植えたり、地域の野生生物を保護したりするのは、地域の水の供給を守るすばらしい方法なんだ。

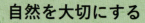

もっと知ろう

本やインターネットで水について調べよう。学校の授業で水についてもっと学びたいと、先生にいうのもいいね。ダムや貯水池や水処理場など、その仕組みについて学べる教育プログラムがある場所に、社会見学に行きたいというのもいいかもしれない。

行動を起こそう

衣類

水との関わり

わたしたちみんなが、水の使用量をへらし、世界の水の供給を守るために、できるだけのことをしなくてはならない。あなたの取り組みをほかの人にも見てもらって、多くの人のくらしに変化をもたらそう。

水の使用量を調べよう
おふろよりもシャワーのほうが、水の使用量が少なくてすむ。自分や家族、友達がシャワーを使っている時間をくらべて、それぞれの水の使用量を調べるのもいいね。

小さな一歩
すべてのことにいっぺんに取り組むのは、無理な話だ。まずはひとつだけ、家庭や学校でできる、水の使用量をへらす方法を考えよう。たとえば、地元でとれた野菜中心の食事にするとかね。みんなが変わるきっかけになるような計画を立てるんだ。

再使用をすすめよう
新品の衣類をつくるにはたくさんの水が使われるんだ。だから、手持ちの衣類を再使用できるような、みんなが楽しめる方法を見つけよう。たとえば、衣類の交換パーティーを企画して、みんなで服やおもちゃ、ゲームなんかを交換するんだ。新しいものを買わずにね。

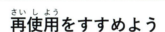

用語解説

移住
人々が、別の地域や国にうつり住むこと。

ウォーターフットプリント
特定の場所で、特定のプロセスや、個人やグループによって使用される淡水の量。

汚水
家庭や建物から出される、汚物などを含んだきたない水。下水道という地下の水道管に流れこむ。

汚染
有害な物質が、ある環境で見つかったり、環境に加えられたりすること。

化石燃料
石炭や石油や天然ガスのような、エネルギーをもつ燃料。何千万年も前の動物や植物の死がいからできている。

かんがい
農作物などの植物に水をあたえて、その成長を助けること。

干ばつ
水不足のこと。たいていは、ある地域にふる雨がいつもよりも少ないときに起こる。

気候
長い期間での、天気の典型的なパターン。

気候変動
いま進行している、世界の気候の変化。

凝結
気体が冷やされて液体になること。

クラウド・シーディング（雲の種まき）
雲に物質を加えて、雨粒をつくらせること。

原子
小さな粒子。あらゆるものを形づくる、基本となる単位。

降水
大気から、雨や雪、みぞれ、雹といった形で、水がふること。

洪水
いつもは乾燥している土地が水でおおわれた状態。

細胞
生物の機能する最小の部品。何億もの細胞が協力しあって、生物の働きをささえている。

細胞質
細胞の内側を満たす、ゼリーのような液体。

細胞膜
細胞の中身を包む、とてもうすい膜。

重力
物体と物体の間には、おたがいに引き合う力が生じる。地球上では、地球の重力に引っぱられて、物が落ちる。

樹液
植物の中を動きまわる液体。水や、糖などの物質を、植物のあちこちの部位に運ぶ。

蒸発
液体があたためられて気体になること。

水蒸気
気体になった水。

水道橋
水を別の場所に運ぶため、人工的に谷などにかけられた橋のこと。

スマートテクノロジー
データを集め、人工知能を使って、目的を達成するような、最近の機械や手法。

生息地
動物がくらしている場所や、植物が生えている場所。

生態系
さまざまな形で、おたがいや環境に依存している、生物の集まり。

藻類
小さな植物のような生きもの。日光のエネルギーを使って、自分の食べものをつくる。

大気
地球を取りまく気体の層。

帯水層
地下にある大きな水源。

脱水状態
人間の体が正常に働くための水分が、体からなくなった状態。

ダム
水の流れを止めたり変えたりするためにつくられた、障害物。人間がつくったダムもあるし、動物がつくったダムもある。

淡水化（脱塩）
海水から塩を取りのぞいて、淡水に変えること。

地下水
地下にある水。その多くは、土の粒子や岩石の間の小さなすきまにある。

地表水
川や湖、湿地など、地球の表面に集まっている水。

貯水池
水源として利用される、大量にためられた水。自然にできた場合も、人間がつくった場合もある。

バイオ燃料
農作物や生ゴミなど、生物のゴミからつくられる燃料。

廃水
家庭や企業や工場で使われた後の水。

微生物
顕微鏡を使わないと見えないような、小さな生きもの。たとえば、バクテリア。

氷河
ゆっくり動く、巨大な氷の川。

肥料
植物を、より早く、より大きく、育てるための化学物質。

分子
いくつかの原子がくっついたもの。たとえば、水の分子は、1つの酸素原子に2つの水素原子がくっついている。あらゆるものは、分子でできている。

水循環
水の、ずっと続く、くりかえしの旅。水は、海から空へ、陸へ、そしてまた海へともどる。

水処理
廃水から、汚物や微生物を取りのぞいて、きれいにすること。

水ストレス
ある地域で、淡水の4分の1以上が、人間によって使われている状態。

水不足
ある地域に、必要なだけの淡水がない状態。

リサイクル
使い終えたものやゴミを、もう一度、使えるものに変えること。

流域
同じ川や湖に水が流れこむ、土地の範囲。

ろ過
液体から、いらない粒子や汚染物質を取りのぞくプロセス。

さくいん

あ
生きもの 6, 7, 9, 15, 16, 17, 18, 19, 20
衣類 24, 25, 30, 31, 45, 66, 69
岩 8, 11, 12, 20, 30, 34, 36, 37
インターネット 24, 25, 30, 68
ウォーターフットプリント 29, 30, 66, 67
エネルギー 18, 19, 25, 31, 39, 57
汚染 13, 27, 35, 37, 43, 46, 47, 58, 61, 65
おもちゃ 30, 67, 69
温度 8, 9

か
化学物質 2, 22, 26, 38, 41, 46, 47
家畜 25, 26, 27, 46, 49, 66
紙 24, 31, 67
かんがい 26, 51, 56, 57, 60
環境 2, 15, 21, 31, 38, 41, 60, 64, 65
干ばつ 49, 50, 51, 52, 57
気候変動 2, 50, 51, 52
凝結 10, 11
雲 6, 10, 16, 57

クラウド・シーディング 57
車 30, 31, 64
洪水 50, 59

さ
細胞 14, 18, 19, 22
砂漠 20, 21
サンゴ礁 47
湿地 51, 60
重力 11, 18, 35
蒸発 10, 11, 12, 17, 21, 23, 35, 37
水蒸気 8, 9, 10, 17, 22
水道事業 38, 39, 40, 41
スマートテクノロジー 56, 57
生息地 20, 48, 59
生態系 47, 55
洗たく 24, 28, 29, 44, 45, 64, 66
そうじ 24, 27, 28, 65

た
大気 9, 10, 17, 18, 19, 48, 50
帯水層 36, 37, 48, 56
太陽 10, 18
脱水状態 22
ダム 34, 39, 53, 59, 68
淡水化（脱塩） 39, 57
暖房 25, 28
地下水 9, 33, 34, 36, 50, 68

地表水 36, 50, 51
貯水池 32, 33, 34, 39, 45, 51, 68
トイレ 25, 28, 29, 40, 44, 45, 56, 58, 65
土壌 12, 31, 34, 36, 37

な
農業 25, 26, 27, 30, 61, 66
飲み水 12, 13, 24, 27, 28, 39, 44, 45, 46, 66

は
バイオ燃料 31
廃水 33, 40, 41, 47, 58, 61
バクテリア 12, 38, 41
発電所 31, 47, 67
微生物 41, 46
雹 8, 11
氷河 8, 13, 34, 50
氷冠 6, 8, 13, 16, 17
病気 38, 46, 47
ファットバーグ 40

ま
湖 8, 11, 12, 13, 33, 34, 36, 37, 40, 41, 45, 46, 51
水循環 7, 10, 11, 13, 40, 44, 48
水ストレス 48, 51, 52, 56, 57
水戦争 52, 53

水不足 26, 27, 45, 48, 50, 51, 52, 56, 57
水分子 8, 10, 18
水もれ 39, 48, 58
水やり 21, 26, 27, 31, 45, 56, 64

や
雪 8, 11, 13, 34, 35

ら
リサイクル 7, 10, 41
流域 34, 35
料理 24, 25, 28, 66
冷却 27, 31

Are we running out of water?

Copyright © Weldon Owen
Written by: Isabel Thomas
Illustrated by: El Primo Ramón
Consultant: Professor Sara Hughes, University of Michigan
Editor: George Maudsley
Designer: Tory Gordon-Harris

This edition published by arrangement with Weldon Owen, an imprint of INSIGHT EDITIONS, California, through Tuttle-Mori Agency, Inc., Tokyo

---

マインドマップでよくわかる

水問題

2024年10月31日　初版1刷発行

著：イザベル・トーマス
イラスト：エル・プリモ・ラモン
翻訳：藤崎百合
翻訳協力：トランネット
DTP：高橋宣壽

発行者　鈴木一行
発行所　株式会社ゆまに書房
　　　　東京都千代田区内神田2-7-6
　　　　郵便番号　101-0047
　　　　電話　03-5296-0491（代表）

ISBN978-4-8433-6741-4 C0344

落丁・乱丁本はお取替えします。
定価はカバーに表示してあります。